从小爱科学——生物真奇妙(全9册)

我是从哪里来的?

〔韩〕南瓜星 著
〔韩〕慎裕美 绘

千太阳 译

石油工业出版社

这是爸爸妈妈的结婚照。

上面有妈妈、爸爸、爷爷、奶奶……

所有的家人都在上面，唯独少了我一个人。

因为我是在爸爸妈妈结婚后出生的。

我是在爸爸和妈妈相爱的过程中出现在妈妈的肚子里的。

　　爸爸身上的婴儿种子——精子进入妈妈身体与里面的另一个婴儿种子——卵子结合在一起成了受精卵。

　　受精卵慢慢长大，最终变成了我。

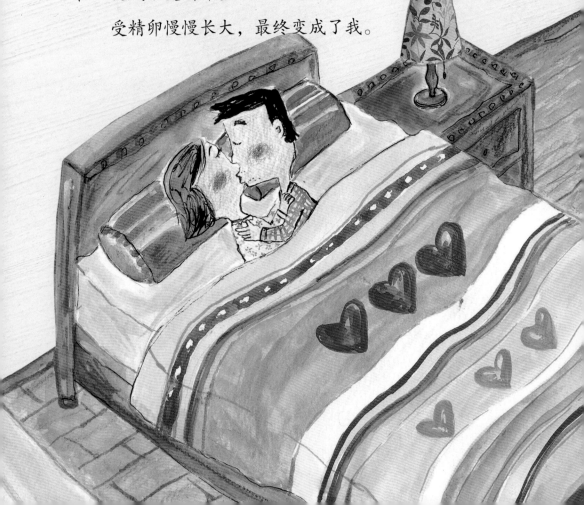

精子 - - - - - - - - - - - - - - - - - -

　　精子是爸爸身
上的婴儿种子。
　　精子头大身长，
有细长的尾巴。
　　精子的样子很
像小蝌蚪，但比小
蝌蚪要小无数倍。

卵子

　　卵子是妈
妈身上的婴儿
种子。
　　卵子长得
像一颗圆球。

雄核 - - - - - - - - - - - - - - - - - -
雌核 - - - - - - - - - - - - - - - - - -

　　雄核和雌核
里存有外貌和性
格的遗传因素。

　　当一颗精
子进入卵子后，
卵子会发生特
殊的反应形成
两道屏障，阻
止其他精子再
进入。

受精卵

　　精子和
卵子结合在
一起就会成
为受精卵。

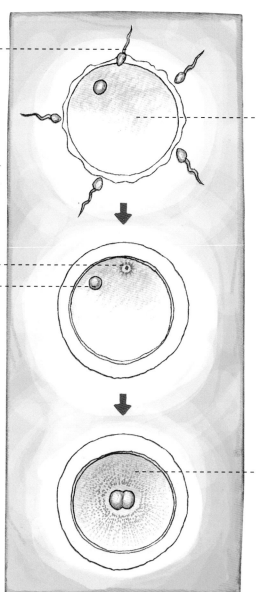

我原本很小很小。

但是随着时间的推移，我会在妈妈的

肚子里渐渐成长为胎儿。

这时，妈妈的肚子也会慢慢地鼓起来。

受精卵的成长过程

受精卵会不断重复地分裂。
胎儿通过细胞分裂逐渐形成。

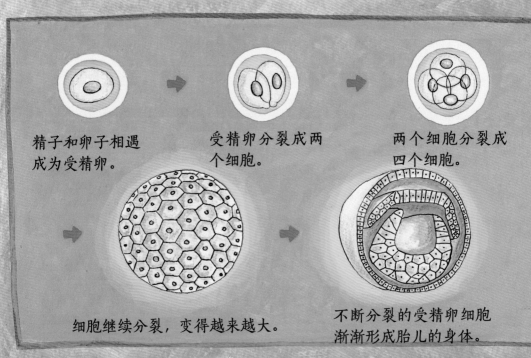

精子和卵子相遇
成为受精卵。

受精卵分裂成两
个细胞。

两个细胞分裂成
四个细胞。

细胞继续分裂，变得越来越大。

不断分裂的受精卵细胞
渐渐形成胎儿的身体。

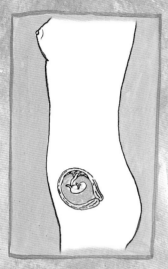

9 周

可以区分胎儿的头部和身体。头部占据整个身体的三分之一。

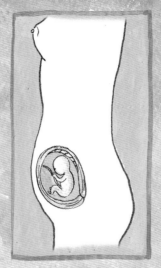

12 周

可以区分性别。胎儿会长出手指和脚趾。

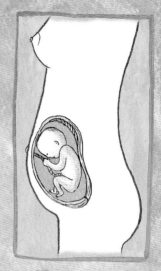

20 周

胎儿会长出头发和手指甲、脚趾甲。妈妈能够感受到肚子里的胎儿的动静。

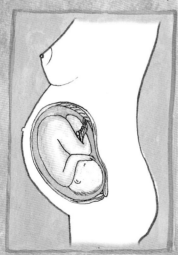

32 周

胎儿会形成头下脚上的姿势。

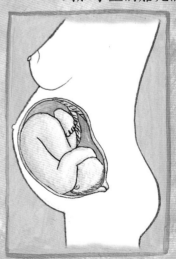

36 周—39 周

胎儿准备出生。

在子宫里，我和妈妈用脐带连在一起。

我成长所需的营养是通过脐带传递过来的。

大家看看自己的肚脐眼。

那里就是曾经长着脐带的地方。

我在妈妈的肚子里都做了些什么呢？

我每天待在保护胎儿的羊水里睡觉或偶尔动一动身子。

每当这时，妈妈的肚子就会凸出一部分，经常吓得她一惊一乍的。

爸爸看到这一幕后就乐呵呵地说，我长大后有可能会成为一名足球选手。

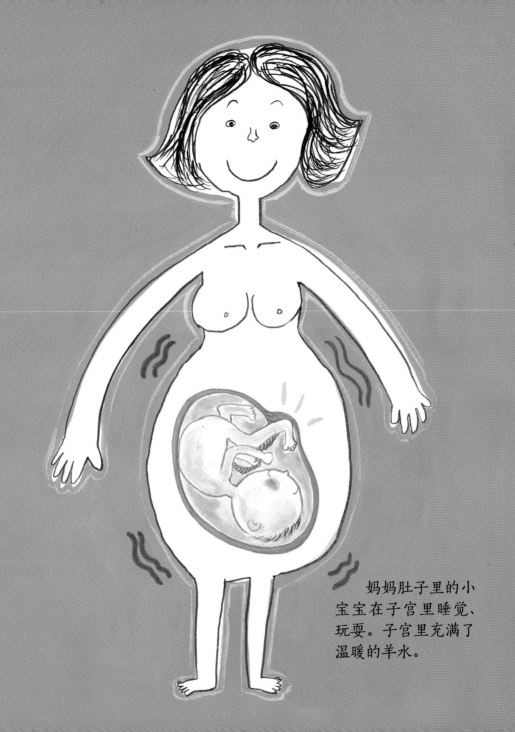

妈妈肚子里的小
宝宝在子宫里睡觉、
玩耍。子宫里充满了
温暖的羊水。

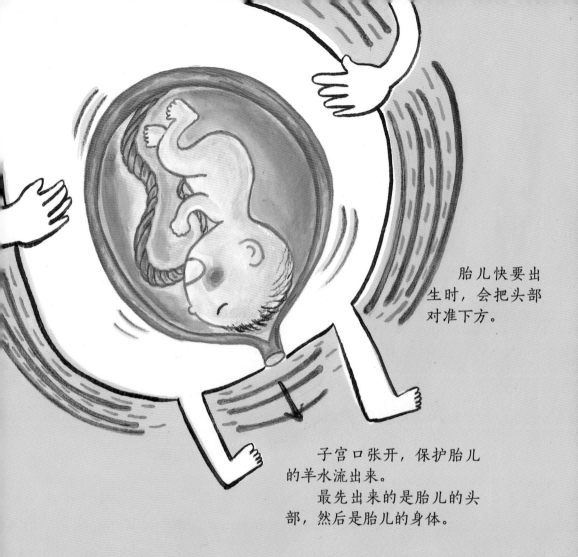

胎儿快要出
生时，会把头部
对准下方。

子宫口张开，保护胎儿
的羊水流出来。
最先出来的是胎儿的头
部，然后是胎儿的身体。

我是如何从妈妈的肚子里出来的呢?

我是顺着爸爸的精子进入的通道出来的。

在我快要出来的时候，妈妈的肚子是很大很大的。

为了生下我，妈妈忍受了很大的痛苦，大夫也帮了很大的忙，还切断了连接我和妈妈的脐带。

出生后，我第一次呼吸空气，发出了"哇哇"的洪亮的哭声。

妈妈听到我的哭声，马上疼爱地将我抱在怀里。

妈妈说当时我抖动眼皮，砸吧嘴的样子别提有多可爱了。

　　我在婴儿时期所做的事情就是吃妈妈的奶和睡觉。

　　如果感到肚子饿或觉得不舒服，我就会哇哇大哭。

　　妈妈说，慢慢的，我会匍匐爬行了，也不知道是什么时候就长这么大了。

我从牙牙学语时就很擅长自己一个人玩。

不过，我小时候好奇心很强。

只要是抓到手里的东西都要放进嘴里尝一尝。

一岁左右的时候，我就可以摇摇晃晃地走路了。

只不过走不了多远就会摔一次。

当我第一次自己上卫生间便便的时候，妈妈非常高兴。

我已经长大了，甚至能自己吃饭了。

我还能一个人勇敢地上幼儿园。

我现在还能自己骑自行车、荡秋千了。

妈妈说，我要真正长大还需要很长一段时间。

　　爸爸告诉我，等我年龄更大，上大学的时候，脸上就会长出胡子来。

　　他说有些孩子脸上还会长青春痘。

到时候，我的声音会变得更加低沉，身体里也会生出能够造出婴儿的精子。

我也可以成为像爸爸一样的成年人。

如果是女孩，那一定会长成像妈妈一样。

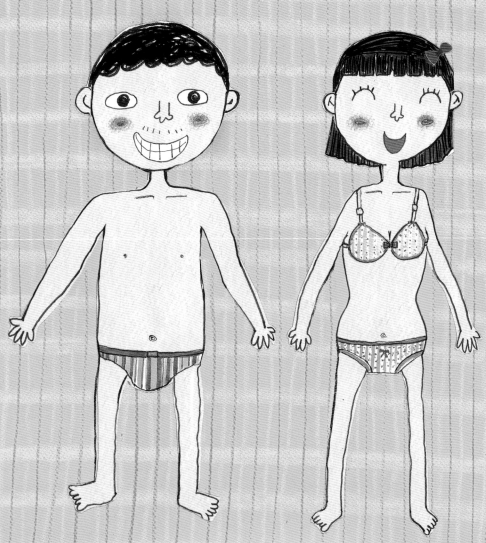

一般到了 *10~12* 岁，我们的身体里就会产生性激素，男人会变声和长出胡子；而女人则会胸部隆起和臀部变大。

最终，我会成长为像爸爸一样顶天立地的男子汉。

另外，我也会结婚并拥有可爱的孩子。

到了那时，爸爸和妈妈就成了爷爷和奶奶。

那时，我要带着全家人一起照全家福。

我为什么长得像爸爸妈妈呢

"小牛，小牛，斑点小牛。妈妈牛也是斑点牛，你们长得可真像！"

韩国歌曲里就有这样的童谣。

无论是小牛，还是小狗，它们的长相都随它们的爸爸妈妈。另外，小刺猬也像它的爸爸妈妈一样全身覆盖着一层尖利的刺。

正如小牛长得像它的爸爸妈妈一样，我的长相也与爸爸妈妈很相似。就像这样，动物以及我们的长相之所以像爸爸妈妈，完全是我们身体里的遗传因子的功劳。遗传因子里包含着爸爸妈妈的长相、身高、肤色、发色及性格等相关的信息。

妈妈的卵子里包含着妈妈的遗传因子；而爸爸的精子里则包含着爸爸的遗传因子。当妈妈的卵子和爸爸的精子相遇，我就会诞生出来。

正因为如此，我的长相才会那么像爸爸妈妈。

双胞胎 是如何形成的

你见过长相一模一样的双胞胎吗？

虽然并不是所有的双胞胎长相都一样，但看到长相、身高甚至是体型都完全一样的双胞胎，你是不是有种很神奇的感觉？

双胞胎是如何形成的呢？

事实上，双胞胎是在妈妈的卵子和爸爸的精子相遇成为受精卵之后细胞分裂的过程中形成的。

受精卵想要形成胎儿，就需要分裂出非常多的细胞。我们称这个过程为"细胞分裂"。

但是在这一过程中，原本数量为一个的受精卵在分裂成两个之后，偶尔会各自形成自己的细胞分裂，即一个受精卵中生成两个胎儿。这样形成的胎儿由于是从一个受精卵诞生的，所以长相和性别差不多一样。我们称它为"同卵性双胞胎"。

不过，有些双胞胎长得并不是很像，而且性别也不一样。我们称它为"异卵性双胞胎"。

即他们是由两个卵子和两个精子各自受精后形成的两个受精卵。因此，虽然同为双胞胎，但他们长相和性别都有可能出现差异。

收获吧，科学的果实！

1 观察下面的图文，在 [____] 里填入适当的词语。

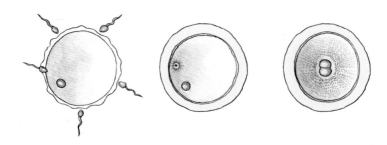

爸爸的"婴儿种子"精子和妈妈的"婴儿种子"卵子相结

合，成了 [_____]。

2 连接妈妈和妈妈肚子里的胎儿的是什么东西？

3 婴儿从什么时候开始可以蹒跚走路？

参考 1. 受精卵 2. 脐带 3. 一周岁左右